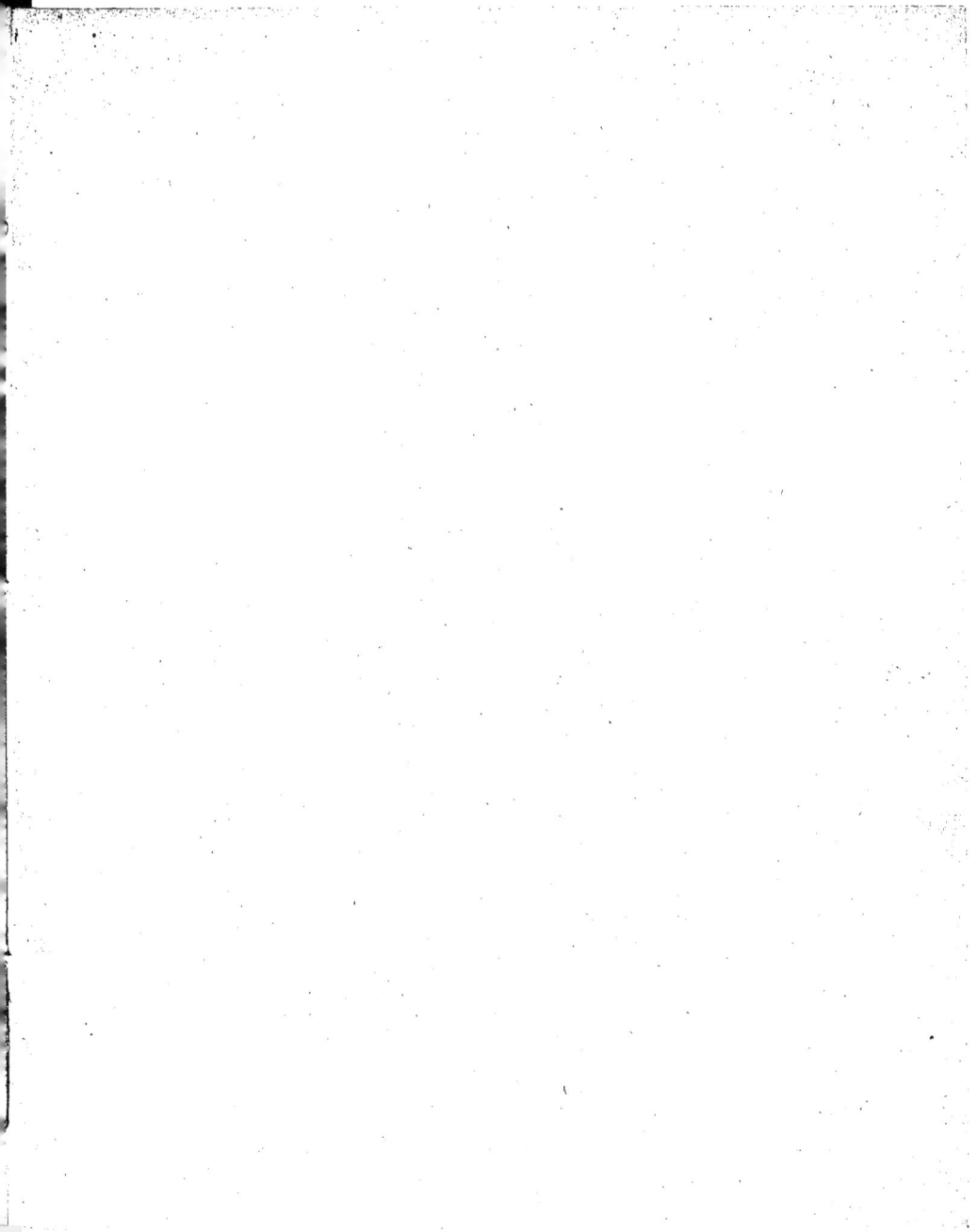

13468

THÈSE

DE MÉCANIQUE

SOUTENUE DEVANT LA FACULTÉ DES SCIENCES DE BORDEAUX,

suivie

DU PROGRAMME DE LA THÈSE D'ASTRONOMIE,

SOUTENUE DEVANT LA MÊME FACULTÉ,

PAR J. C. CHENOU,

Ancien élève de l'École Normale, licencié ès-sciences, agrégé pour les sciences.

BORDEAUX,

IMPRIMERIE D'HONORÉ GAZAY, RUE GOUVION, 14.

On trouve chez lui un assortiment de caractères propres aux ouvrages scientifiques.

—

1840

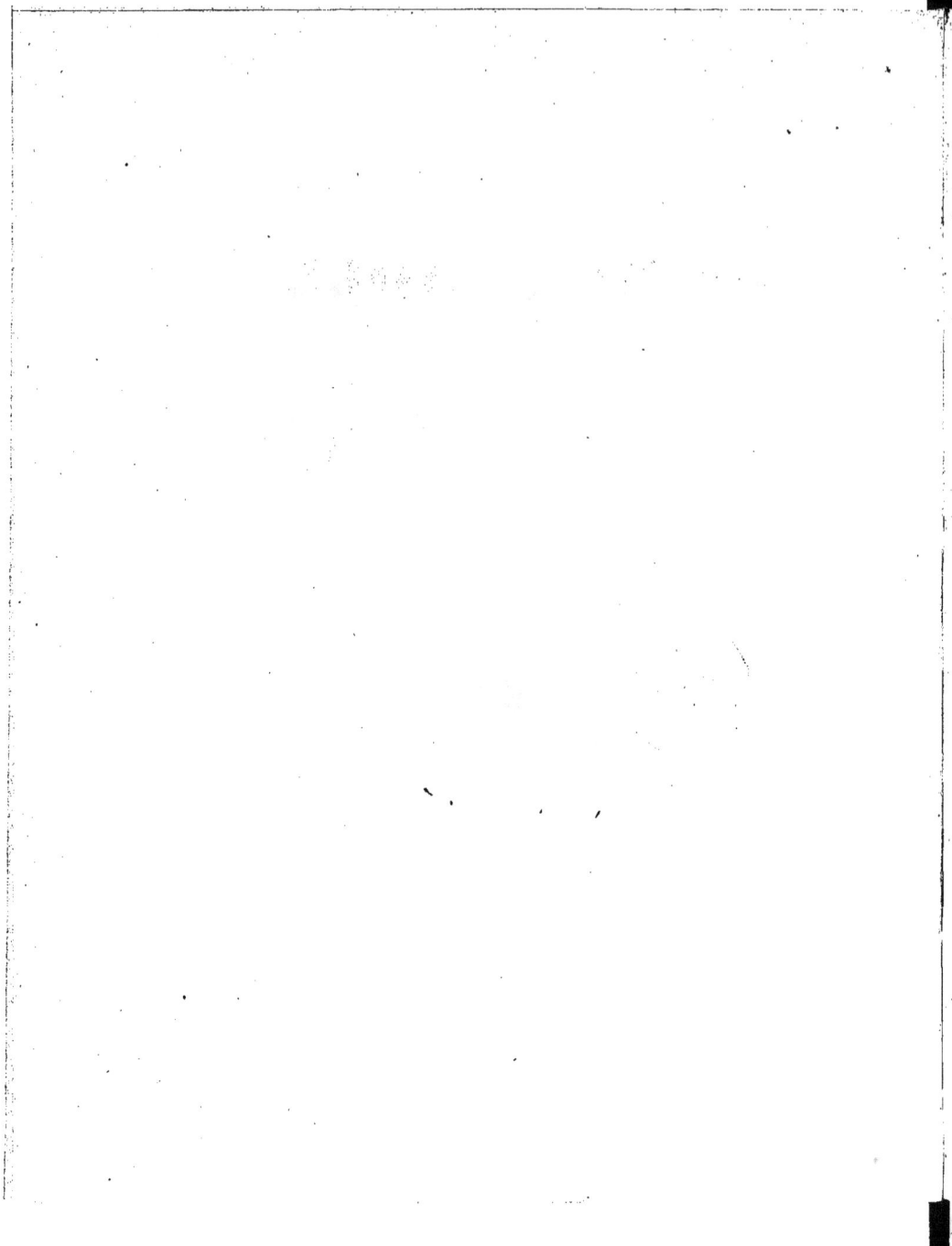

THÈSE DE MÉCANIQUE [*]

Mouvement des corps célestes dans le vide. Leur mouvement dans un milieu résistant. Intégration des équations différentielles pour le cas d'une excentricité quelconque.

On sait que les lois du mouvement des planètes autour du soleil, annoncées par Képler en 1618, lois qui se rapportent au centre de gravité de chacune d'elles, conduisent à la détermination de la force qui retient ces corps dans leurs orbites. C'est un cas particulier de cette double question de mécanique : Étant données la courbe décrite par un mobile et sa vitesse au bout d'un temps quelconque, trouver la loi suivant laquelle varie la force accélératrice en raison de la distance ; et, réciproquement, quand on connaît cette force, déterminer la nature de la courbe décrite.

Nous rappellerons les formules qui servent à vérifier les lois de Képler. Elles s'appliquent au problème astronomique dont la solution avec toutes les conséquences est traitée en détail dans le premier volume de la mécanique de M. Poisson. Nous donnerons plus de développement au paragraphe VI, où l'intégration s'effectue dans le cas d'une excentricité quelconque, et d'un milieu résistant.

I.

Quand le mouvement d'une planète a lieu dans le vide, la loi des aires proportionnelles au temps donne, en adoptant les notations de l'ouvrage cité, $r^2 d\theta = c \, dt.$

---

[*] Voyez ci-après les deux Programmes des Thèses de Mécanique et d'Astronomie. Ce qui suit est le développement de la Thèse de Mécanique.

L'équation de la trajectoire, d'après la seconde loi de Képler, est :

$$(2) \qquad r = \frac{a(1-e^2)}{1+e\cos\theta} \quad \text{ou } e\cos\theta = \frac{p}{r} - 1, \; p \text{ étant le demi-paramètre, ou}$$

l'ordonnée du foyer. La constante c a pour valeur le double de la surface de l'ellipse, $2\pi a^2\sqrt{1-e^2}$, divisé par T, temps de la révolution de la planète. $n = \frac{2\pi}{T}$ est la vitesse moyenne angulaire ; nt est le *mouvement moyen* ; $\theta - nt$ est *l'équation du centre*, dont le maximum dépend de l'excentricité.

L'équation (1) revient à

$$r^2 d\theta = na^2\sqrt{1-e^2}\,dt\,;$$

de l'équation (2) on déduit :

$$d\theta = \frac{a\sqrt{1-e^2}\,dr}{r\sqrt{a^2e^2-(r-a)^2}}$$

Par suite,

$$ndt = \frac{r\,dr}{a\sqrt{a^2e^2-(r-a)^2}}$$

On détermine les valeurs de r, θ, et nt, au moyen de l'anomalie excentrique u, en posant :

$$(A) \qquad r = a(1-e\cos u)$$

d'où :

$$ndt = (1-e\cos u)\,du$$

Au périhélie, $t = o$. L'angle u doit être nul, car $r = a(1-e)$. En intégrant, il vient :

$$(B) \qquad nt = u - e\sin u$$

Si l'on fait des substitutions analogues dans la valeur de $d\theta$, on trouve :

$$d\theta = \frac{\sqrt{1-e^2}\,du}{1-e\cos u}$$

$$d\frac{\theta}{2} = \frac{\sqrt{1-e^2}\,\dfrac{d\frac{1}{2}u}{\cos^2\frac{1}{2}u}}{1-e+(1+e)\tan^2\frac{1}{2}u} = \frac{d.\sqrt{\dfrac{1+e}{1-e}}\tan\frac{1}{2}u}{1+\left\{\sqrt{\dfrac{1+e}{1-e}}\tan^2\frac{1}{2}u\right\}}$$

Par conséquent :

$$\frac{\theta}{2} = \text{arc}\left(\text{tang} = \sqrt{\frac{1+e}{1-e}}\,\text{tang}\,\tfrac{1}{2}u\right)$$

et
$$(\text{C}) \qquad \text{tang}\,\tfrac{1}{2}\theta = \sqrt{\frac{1+e}{1-e}}\,\text{tang}\,\tfrac{1}{2}u$$

Ces trois équations (A), (B), (C), sont les équations du mouvement elliptique dans son plan.

II.

Les coordonnés polaires r et θ s'obtiendraient immédiatement en fonction de t par l'élimination de u; mais l'équation (B) entre u et t est transcendante et ne peut être résolue que par approximation. On obtient une série fort convergente pour les planètes (Mécanique céleste, tome I, p. 179, où l'on calcule directement les valeurs de r et de θ, en séries convergentes).

Les développements de r et de $\theta - nt$, s'obtiennent par des séries de la forme :
$$r = \text{A}_0 + \text{A}_1\cos nt + \text{A}_2\cos 2\,nt + \ldots + \text{A}_i\cos int + \text{etc.},$$
$$\theta - nt = \text{B}_1\sin nt + \text{B}_2\sin 2\,nt + \ldots + \text{B}_i\sin int + \text{etc.},$$

dans lesquelles il faut calculer les coefficients : car, si après l'élimination de u, on développe r et θ suivant les puissances de l'excentricité e, on obtient deux fonctions entières de sinus et de cosinus, c'est-à-dire des termes de la forme $\text{A}\cos^{\alpha}nt\sin^{\beta}nt$. Or, d'après les équations (A) et (B), nt change de signe avec u, mais le signe de u, venant à changer, n'entraîne pas celui de r. Les différents termes du développement de r ne peuvent donc contenir, ou que des puissances de cosinus ou que des puissances paires de sinus qui se transforment les unes et les autres en cosinus d'arcs multiples. De plus, θ change de signe avec u et avec nt; on ne doit donc trouver pour son développement que des puissances impaires de sinus, lesquelles se changent en sinus de ses multiples.

III.

A la détermination de r et de θ, il faut joindre celle de la grandeur et de la direction de la vitesse en un point quelconque de l'ellipse décrite par la planète. v étant cette vitesse et δ l'angle de sa direction avec le prolongement du rayon vecteur, on trouve successivement :

$$v^2 = \frac{dr^2 + r^2 d\theta^2}{dt^2} \qquad v \cos \delta = r \frac{d\theta}{dt}$$

A cause des équations (1) et (2) :

$$v^2 = c^2 \left(\frac{d \frac{1}{r}}{d\theta} \right) \qquad v \cos \delta = \frac{c}{r}.$$

$$v^2 = \frac{c^2 \left\{ e^2 \sin^2 \theta + (1 + e \cos \theta)^2 \right\}}{a^2 (1 - e^2)^2}$$

Puis
$$v^2 = \frac{c^2}{a^2 (1 - e^2)} \left(\frac{2a}{r} - 1 \right)$$

Ou
$$v^2 = n^2 a^3 \left(\frac{2}{r} - \frac{1}{a} \right)$$

Et
$$\cos \delta = \frac{a \sqrt{1 - e^2}}{r \sqrt{\frac{2a}{r} - 1}}$$

Ces expressions, jointes aux formules du parag. II, font connaître à une époque quelconque, le mouvement de la planète dans le plan de la trajectoire.

On rapporte ordinairement à un plan fixe les mouvements des planètes. Par exemple, si ce plan passe par le centre du soleil, si NON' est la ligne des nœuds, OE une ligne fixe, située dans le plan de l'astre ; si γ est l'inclinaison de ces deux plans ; α l'angle NOE et ω l'angle du rayon vec-

teur mené au phérihélie avec ON, γ, α, ω déterminent et le plan de l'orbite et la position de l'ellipse dans ce plan. Le rayon vecteur sera connu
de position par deux angles φ et ψ, le premier étant l'angle de ce rayon
vecteur avec sa projection sur le plan fixe (*l'écliptique*); le second, l'angle de cette projection avec OE. θ étant toujours *l'anomalie vraie*, on
aura à résoudre un triangle sphérique rectangle dont les trois côtés sont :
$\theta + \omega$, $\psi - \alpha$, et φ. La valeur de l'angle oblique γ, sera donnée par les
relations connues :

$$\left. \begin{array}{l} \sin \gamma = \dfrac{\sin \varphi}{\sin (\theta + \omega)} \\[2mm] \cos \gamma = \dfrac{\tang (\psi - \alpha)}{\tang (\theta + \omega)} \end{array} \right\} \begin{array}{l} \psi \text{ et } \varphi \text{ sont la } \textit{longitude} \\ \text{et la } \textit{latitude} \text{ de la planète.} \end{array}$$

Or θ est calculé en t : les angles φ et ψ seront donc exprimés en t. Quand
O est le centre apparent de la terre, le plan fixe est *l'équateur*; ψ et φ sont
l'ascension droite et la *déclinaison*; γ est l'obliquité de l'écliptique. C'est
aussi l'angle de l'axe du monde avec l'axe de ce dernier plan. Il faut tenir
compte des variations dues à l'action des planètes, à la précession et à la
nutation. Les valeurs précédentes deviennent, à cause de $\alpha = o$ et $\theta + \omega = \lambda$
(*longitude*) :

$$\sin \gamma = \frac{\sin \varphi}{\sin \lambda}$$

$$\cos \gamma = \frac{\tang \psi}{\tang \lambda}$$

On a aussi : $\sin \varphi = \dfrac{\sin \gamma \, \tang \psi}{\sqrt{\cos^2 \gamma + \tang^2 \psi}}$

Les déclinaisons *boréale* et *australe maximum* correspondent à $\lambda = 90°$
et à $\lambda = 270°$; ce qui donne $\varphi = \pm \gamma$.

IV.

Les données de l'observation suffisent pour déterminer le mouvement
d'une planète. Il faut de plus connaître la force qui agit sur elle. Or, de

la première loi de Képler on déduit, par le calcul, que la force qui retient chaque planète dans son orbite est constamment dirigée vers le centre du soleil. Cette déduction se démontre aussi d'une manière synthétique.

Pour calculer l'intensité de la force accélératrice, on part des équations du mouvement :

$$(1) \quad \frac{d^2 x}{dt^2} = - R\frac{x}{r} \qquad (2) \quad \frac{d^2 y}{dt^2} = - R\frac{y}{r}$$

que l'on combine avec les relations trouvées

$$v^2 = \frac{dx^2}{dt^2} + \frac{dy^2}{dt^2}$$

$$v^2 = \frac{4\,\pi^2\,a^3}{T^2}\left(\frac{2}{r} - \frac{1}{a}\right)$$

Il vient : $R = \frac{\mu}{r^2}$ en posant :

$$\mu = \frac{4\,\pi^2\,a^3}{T^2}$$

Ainsi, la force accélératrice K agit en raison inverse du carré de la distance au centre du soleil.

Enfin, on précise complétement sa nature au moyen de la troisième loi de Képler, en comparant deux intensités μ et μ' de cette force, à la même distance, pour deux planètes différentes. On trouve $\mu = \mu'$; c'est-à-dire que quand deux planètes quelconques sont à la même distance du soleil, la force qui les anime est proportionnelle à leur masse et indépendante de leur nature particulière, etc., etc., etc.

V.

Nous allons supposer maintenant que le mouvement des corps célestes s'exécute dans un milieu qui environne le soleil et dont la densité est très-peu considérable. On suppose que le centre de gravité ne sort pas du plan de l'orbite de l'astre considéré. On forme les équations du mouvement de ce point en ayant égard à la force centrale qui agit en raison inverse du carré de la distance et à une force tangentielle dépendant de la résistance du milieu. Cette résistance qui ne peut d'ailleurs altérer que faiblement le mouvement elliptique, est supposée proportionelle au carré de la vitesse, à la surface de la planète et en raison inverse de sa masse. Son intensité à une époque t pourra donc être représentée par $\rho \dfrac{ds^2}{dt^2}$, ρ étant un coefficient en raison inverse d'une ligne, et proportionnel au rapport de la densité de l'éther à celle du corps.

Les équations différentielles du mouvement seront, dans ce cas :

$$\left.\begin{aligned}\frac{d^2x}{dt^2} + \frac{\mu x}{r^3} &= -\rho \frac{ds}{dt}\frac{dx}{dt}\\[4pt]\frac{d^2y}{dt^2} + \frac{\mu y}{r^3} &= -\rho \frac{ds}{dt}\frac{dy}{dt}\end{aligned}\right\} (2)$$

$\dfrac{\mu}{r^2}$ étant toujours la valeur de la force centrale à la distance r, et $\rho \dfrac{ds}{dt}\dfrac{dx}{dt}$, $\rho \dfrac{ds}{dt}\dfrac{dy}{dt}$ les composantes de $\rho \dfrac{d^2s}{dt^2}$.

On les transforme en coordonnées polaires, et il vient :

$$\left.\begin{aligned}\frac{d(dr^2 + r^2d\theta^2)}{dt^2} - 2\mu d.\frac{1}{r} &= -\frac{2\rho(dr^2 + r^2d\theta^2)}{dt^2}ds,\\[4pt]d.r^2d\theta &= -\rho r^2d\theta ds.\end{aligned}\right\} (3)$$

Si l'on suppose la résistance nulle, on retrouve les équations (1), savoir :

$$\left.\begin{aligned}\frac{d^2x}{dt^2} + \frac{\mu x}{r^3} &= 0\\[4pt]\frac{d^2y}{dt^2} + \frac{\mu y}{r^3} &= 0\end{aligned}\right\} (4)$$

et aussi :

$$\left.\begin{aligned}\frac{d(dr^2 + r^2d\theta^2)}{dt^2} - 2\mu d.\frac{1}{r} &= 0\\[4pt]d.r^2d\theta &= 0\end{aligned}\right\} (5)$$

Ces dernières équations sont satisfaites par les formules (A), (B) et (C). Toutefois, ces formules n'en sont pas les intégrales complètes, puisqu'elles ne renferment que deux constantes arbitraires a et e ; mais si les valeurs de θ et de t, tirées de (A), (B) et (C) vérifient (4) et (5), ces mêmes valeurs augmentées de quantités constantes, les vérifieront encore, puisque les premiers membres de (5) ne sont pas des fonctions explicites de θ et t. Les intégrales complètes seront ainsi :

$$\left.\begin{aligned} r &= a(1 - e \cos u), \\ nt + \varepsilon - \omega &= u - e \sin u, \\ \tan\tfrac{1}{2}(\theta - \omega) &= \sqrt{\frac{1 + e}{1 + e}} \, \tan\tfrac{1}{2}u \end{aligned}\right\} (a)$$

valeurs qui renferment les quatre constantes arbitraires a, e, ε, ω ; la quantité $n = \dfrac{\sqrt{\mu}}{a\sqrt{a}}$ se déduit de $n = \dfrac{2\pi}{T}$ et $\mu = \dfrac{4\pi^2 a^3}{T^2}$ en éliminant T.

Le minimum de r, $r = a(1 - e)$ répond à $u = o$, alors $\theta = \omega$. θ doit être compté à partir d'une droite fixe OE, passant par le centre du soleil ; c'est la longitude vraie de la planète ; ω est la longitude du périhélie ; $nt + \varepsilon$ la longitude moyenne, à l'époque t ; ε la longitude moyenne pour $t = o$.

On obtiendrait donc de (a) $\theta = nt + \varepsilon + \theta_1$, θ_1 représentant la partie périodique ordonnée suivant les sinus des multiples croissants de $(nt + \varepsilon - \omega)$. La question est de déterminer les valeurs des quantités a, e, ε, ω pour une époque quelconque t, et de passer des intégrales complètes d'un système d'équations différentielles, telles que (4) ou (5) aux intégrales d'un autre système (2) ou (3).

On a recours à la théorie de la variation des constantes arbitraires que nous allons rappeler. Soient :

(6) $x = f(t, a, e, \varepsilon, \omega.)$ $y = F(t, a, e, \varepsilon, \omega)$ les valeurs connues qui satisfont à (4). Il faut que les valeurs de x, y, $\dfrac{dx}{dt}$, $\dfrac{dy}{dt}$, tirées de (6) satisfassent aux équations (2), a, e, ε, ω, étant de nouvelles variables fonctions de t, qu'il s'agit de déterminer. Nous n'avons que deux équations ; on peut en former deux autres que nous supposerons telles qu'elles rendent

identiquement égale à zéro la partie de $\dfrac{dx}{dt}$, $\dfrac{dy}{dt}$, provenant de la varia-tion des constantes arbitraires. Nous aurons d'abord le système :

$$\left. \begin{array}{l} \dfrac{df}{da}\dfrac{da}{dt} + \dfrac{df}{de}\dfrac{de}{dt} + \dfrac{df}{d\varepsilon}\dfrac{d\varepsilon}{dt} + \dfrac{df}{d\omega}\dfrac{d\omega}{dt} = 0 \\[2mm] \dfrac{dF}{da}\dfrac{da}{dt} + \dfrac{dF}{de}\dfrac{de}{dt} + \dfrac{dF}{d\varepsilon}\dfrac{d\varepsilon}{dt} + \dfrac{dF}{d\omega}\dfrac{d\omega}{dt} = 0 \end{array} \right\} (b)$$

et par suite

$$\frac{dx}{dt} = \frac{df}{dt}, \quad \frac{dy}{dt} = \frac{dF}{dt}$$

De plus :

$$\frac{d^2 x}{dt^2} = \frac{d^2 f}{dt^2} + \frac{d^2 f}{da\,dt}\frac{da}{dt} + \frac{d^2 f}{de\,dt}\frac{de}{dt} + \frac{d^2 f}{d\varepsilon\,dt}\frac{d\varepsilon}{dt} + \frac{d^2 f}{d\omega\,dt}\frac{d\omega}{dt}$$

$$\frac{d^2 y}{dt^2} = \frac{d^2 F}{dt^2} + \frac{d^2 F}{da\,dt}\frac{da}{dt} + \frac{d^2 F}{de\,dt}\frac{de}{dt} + \frac{d^2 F}{d\varepsilon\,dt}\frac{d\varepsilon}{dt} + \frac{d^2 F}{d\omega\,dt}\frac{d\omega}{dt}$$

Mais déjà on avait :

$$\frac{d^2 f}{dt^2} + \frac{\mu x}{r^3} = 0, \quad \frac{d^2 F}{dt^2} + \frac{\mu y}{r^3} = 0.$$

Les deux autres équations seront donc :

$$\left. \begin{array}{l} \dfrac{d^2 f}{da\,dt}\dfrac{da}{dt} + \dfrac{d^2 f}{de\,dt}\dfrac{de}{dt} + \dfrac{d^2 f}{d\varepsilon\,dt}\dfrac{d\varepsilon}{dt} + \dfrac{d^2 f}{d\omega\,dt}\dfrac{d\omega}{dt} = - \rho\,\dfrac{ds}{dt}\dfrac{dx}{dt} \\[2mm] \dfrac{d^2 F}{da\,dt}\dfrac{da}{dt} + \dfrac{d^2 F}{de\,dt}\dfrac{de}{dt} + \dfrac{d^2 F}{d\varepsilon\,dt}\dfrac{d\varepsilon}{dt} + \dfrac{d^2 F}{d\omega\,dt}\dfrac{d\omega}{dt} = - \rho\,\dfrac{ds}{dt}\dfrac{dy}{dt} \end{array} \right\} (c)$$

Les deux systèmes d'équations (b) et (c) serviront à trouver les valeurs de a, e, ε, ω, en fonction de t.

On peut les concevoir développées en séries, ordonnées par rapport aux puissances croissantes de ρ, savoir :

$$a = A + \rho\,A_1 + \rho^2 A_2 + \rho^3 A_3 + \text{etc....}$$
$$e = E + \rho\,E_1 + \rho^2 E_2 + \rho^3 E_3 + \ldots\ldots$$
$$\varepsilon = E + \rho\,E_1 + \rho^2 E_2 + \rho^3 E_3 + \ldots\ldots$$
$$\omega = \Omega + \rho\,\Omega_1 + \rho^2 \Omega_2 + \rho^3 \Omega_3 + \ldots\ldots$$

Ces séries seront très-convergentes, puisque ρ est très-petit. Pour $\rho = o$

à une époque telle que $t = o$, on aura A, E, E, Ω, pour les valeurs de a, e, ε, ω : il suffira de calculer A, E, ..., A, E...... qui dépendront de quadratures. On obtiendra ainsi par des approximations successives les valeurs cherchées. On les substituera dans les équations (a) pour en tirer r et θ. Ces équations de même forme que (A), (B), (C) font voir que si l'on construit à chaque instant la courbe, représentée par ces dernières, ce sera une ellipse, et comme les valeurs de x, y, $\dfrac{dx}{dt}$, $\dfrac{dy}{dt}$, qui vérifient l'ellipse, vérifient aussi l'équation de la trajectoire, il s'ensuit que cette courbe sera tangente à toutes les ellipses constantes : elle sera leur courbe enveloppe.

Dans le raisonnement précédent, on suppose ρ très-petit et l'on calcule les valeurs successives des coefficients de a, e, ε, ω; mais si l'un d'eux renferme t de manière qu'il y ait un terme de la forme ρt ou multiplié par une puissance supérieure de t, la série ne sera plus convergente quand t sera considérable. Ainsi on ne pourrait pas employer l'équation (2) de (a) $nt + \varepsilon - \omega = a - e \sin u$ sous cette forme. Cet inconvénient doit toujours s'éviter dans le cas des perturbations du mouvement des planètes par leur attraction mutuelle ou par d'autres causes. Pour y parvenir ici, nous ferons remarquer que n étant une fonction de a et par suite de t, déterminée par $n = \dfrac{\sqrt{\mu}}{a\sqrt{a}}$ on a identiquement $nt = \int n dt + \int t dn$. On peut, dans l'équation (2) de (a), mettre $\int n dt + \varepsilon'$ au lieu de $nt + \varepsilon$ en posant $\varepsilon' = \varepsilon + \int t dn$; et en supprimant l'accent, elle devient :
$$\int n dt + \varepsilon - \omega = u - e \sin u \, (d).$$
Si l'on suppose $\int n dt = o$ pour $t = o$, ce qui est permis, tant que ε reste indéterminé, $\int n dt$ sera le moyen mouvement de la planète à l'époque t; ndt représentera la différentielle dans le cas du vide et dans le cas du milieu résistant.

On pourrait faire pour r et θ des raisonnements analogues à ceux que nous avons indiqués sur x et y. Ainsi, quand une équation φ $(nt, r, \theta, a, e, \varepsilon, \omega) = o$ est vraie dans le mouvement elliptique, elle a lieu dans le mouvement troublé en remplaçant nt par $\int n dt$. On arrive aux mêmes conséquences soit pour l'équation $\varphi = o$, soit pour le cas où la fonction φ renfermerait les différentielles premières $\frac{dr}{dt}$, $\frac{d\theta}{dt}$. Ce qui donne le moyen de se procurer quatre équations pour obtenir les quatre quantités da, de, $d\varepsilon$, $d\omega$. Après avoir remplacé r par son expression en θ, le calcul conduit aux quatre valeurs suivantes, telles qu'on les trouve dans l'ouvrage de M. Poisson :

$$
\left.
\begin{aligned}
da &= -\frac{2\rho\,a}{1-e^2}\left[1 + 2e\cos(\theta-\omega) + e^2\right]ds,\\
de &= -2\rho\left[e + \cos(\theta-\omega)\right]ds,\\
ed\omega &= -2\rho\sin(\theta-\omega)\,ds,\\
d\varepsilon &= +\frac{2\rho e\sin(\theta-\omega)\left[\sqrt{1-e^2}-e^2-\cos(\theta-\omega)\right]ds}{\left[1+e\cos(\theta-\omega)\right]\left(1+\sqrt{1-e^2}\right)}
\end{aligned}
\right\}(h)
$$

Il faut y introduire la valeur de ds, après avoir mis dans celle-ci la valeur de r. Les équations (h) seront ainsi en θ et $d\theta$. On devra intégrer les seconds membres pour connaître les valeurs variables de a, e, ε, ω :

D'abord, si e est une fraction très-petite, en considérant ρ comme une constante, on obtient pour les parties variables de a, e, ε, ω :

$$
\begin{aligned}
\partial a &= -2\rho a^2\theta.\\
\partial e &= -2\rho a\sin(\theta-\omega)\\
ed\omega &= -2\rho a\cos(\theta-\omega)\\
\partial\varepsilon &= -2\rho ae\cos(\theta-\omega)
\end{aligned}
$$

et, à cause des valeurs de $n = \frac{\sqrt{\mu}}{a\sqrt{a}}$ et de ∂a, on a : $\partial n = 3n\rho a\theta$.

Ainsi, la résistance d'un milieu extrêmement rare ferait décroître indéfiniment le grand axe d'une planète très-peu excentrique; il y aurait augmentation de vitesse angulaire, et les quantités e, ω, ε, seraient soumises à une inégalité de même période que la planète. La vitesse absolue s'accélèrerait de plus en plus ; car r diffère peu de a et $p. c.$ v' revient, approximativement, à $\frac{\mu}{a}$; d'où $v = an$. L'accroissement de v serait donc $a\partial n + n\partial a = \rho a' n\theta$.

Cependant, l'effet immédiat de la résistance du fluide est de diminuer la vitesse de la planète ; mais ici, dès que la vitesse commence à diminuer, la force centrifuge, qui a pour intensité le carré de la vitesse divisé par le rayon, diminue aussi ; et la force centrale, dont une moindre partie se trouve alors détruite, tend à accélérer le mouvement. Il peut donc arriver, comme l'indique le calcul, que l'augmentation de vitesse produite par cette dernière cause l'emporte sur la diminution que tend à produire la première.

Si on suppose $e = o$, r devient égal à a et u à $\theta - \omega$. On trouve $\partial r = -2\rho a'\theta$; $\partial \theta = \frac{3}{2}\rho a\theta'$. Pour $\theta = 2\pi$, c'est-à-dire à chaque révolution de la planète, r diminuerait de $\partial r = 4\pi\rho a'$: elle finirait donc par atteindre le soleil.

L'influence d'un milieu résistant n'est pas appréciable sur les planètes et sur leurs satellites ; mais il peut en être autrement pour les comètes. En effet, le facteur ρ est proportionnel au rapport de la densité de l'éther à celle du mobile ; ce rapport, pour les planètes, ne diffère presque pas de zéro, tandis que pour les comètes il peut avoir une valeur sensible. Ainsi, M. Enke a trouvé que le passage de la comète de 1,200 jours au périhélie était retardé d'un jour et demi environ par la résistance de l'éther. Toutefois, il s'est élevé depuis, contre le résultat de son calcul, une difficulté tenant à la nature même des comètes.

VI.

Nous allons maintenant supposer e quelconque dans les équations (h) et intégrer les seconds membres en considérant a, e, ε, ω comme des constantes. L'existence d'un milieu résistant, et à plus forte raison la loi de densité de ce milieu, ne sont qu'hypothétiques. Nous admettrons dans les calculs suivants, que, la densité du fluide varie en raison inverse du carré de la distance au soleil et nous prendrons en conséquence $\rho = \dfrac{k}{r^2}$, cette valeur de ρ est une fonction de θ, puisque

$$\rho = \frac{k\left\{1 + e \cos(\theta - \omega)\right\}^2}{a^2(1-e^2)^2}$$

à cause de la valeur de r.

En substituant cette valeur de ρ et celle de ds en $d\theta$ dans les seconds membres de da et de de, il vient :

$$da = -\frac{2k}{(1-e^2)^2}\left[1 + 2e\cos(\theta - \omega) + e^2\right]^{\frac{3}{2}} d\theta$$

$$de = -\frac{2k}{a(1-e^2)^2}\left(e + \cos(\theta - \omega)\right)\left[1 + 2e\cos(\theta - \omega) + e^2\right]^{\frac{1}{2}} d\theta$$

L'intégration de ces équations se ramène à la théorie des fonctions elliptiques, en posant $\theta - \omega = 2\varphi$ et par conséquent $d\theta = 2d\varphi$.

En effet, le radical $\sqrt{1 + 2e\cos(\theta - \omega) + e^2}$, à cause de $\cos 2\varphi = 1 - 2\sin^2\varphi$, prend la forme :

$$(1+e)\sqrt{1 - \frac{4e}{(1+e)^2}\sin^2\varphi}$$

ou $\qquad (1+e)\Delta$; en posant :

$$\frac{4e}{(1+e)^2} = c^2 \text{ et } \sqrt{1 - c^2 \sin^2\varphi} = \Delta$$

Cette quantité c^2 est < 1 ; car $1 - \dfrac{4e}{(1+e)^2} = \left(\dfrac{1-e}{1+e}\right)^2$ est elle-même moindre que l'unité.

On a ainsi : $\qquad da = \dfrac{-4k(1+e)}{(1-e)^2}\Delta^3 d\varphi$;

d'où, en intégrant et en négligeant la constante :

$$\partial a = -\frac{4k(1+e)}{(1-e)^2}\int \Delta^3 d\varphi$$

Au moyen de transformations analogues, la valeur de de devient :

$$de = -\frac{4\,k}{a(1-e^2)}\left[\left\{(1+e) - 2\sin^2\varphi\right\}(1+e)\,\Delta\right]d\varphi$$

ou

$$de = -\frac{4\,k\,(1+e)}{a\,(1-e)}\Delta\,d\varphi + \frac{8\,k\sin^2\varphi\,\Delta\,d\varphi}{a\,(1-e)}$$

Par conséquent :

$$\partial e = -\frac{4\,k\,(1+e)}{a\,(1-e)}\int\Delta\,d\varphi + \frac{8\,k}{a\,(1-e)}\int\sin^2\varphi\,\Delta\,d\varphi$$

La variable φ, qui détermine l'étendue d'une *fonction* ou *transcendante elliptique*, s'appelle l'*amplitude*. La transcendante est supposée s'évanouir ou commencer lorsque $\varphi = o$. La constante c, toujours moindre que 1, est nommée le *module*, et peut, par conséquent, se représenter par $\sin\theta$, θ étant l'angle du module. Alors dans la relation $c^2 + b^2 = 1$, $b = \sqrt{1-c^2} = \cos\theta$ est le complément du module. Le radical $\Delta = \sqrt{1-c^2\sin^2\varphi}$ est toujours positif, puisqu'il ne se réduit jamais à zéro.

On sait d'ailleurs que les fonctions ou transcendantes elliptiques sont divisées en trois espèces, la première représentée par

$$F = \int\frac{d\varphi}{\Delta}\ ,\text{ la seconde par } E = \int\Delta\,d\varphi\text{, et la troisième, dont}$$

nous n'avons pas besoin ici, par $\Pi = \displaystyle\int\frac{d\varphi}{(1+n\sin^2\varphi)\,\Delta}$, n étant un paramètre positif ou négatif, réel ou imaginaire. Ces intégrales sont prises de o à φ. Il ne reste plus dans les applications qu'à déterminer leurs valeurs numériques.

Ces valeurs s'obtiennent en faisant usage des tables construites pour l'évaluation des fonctions elliptiques. Ces tables donnent, en particulier, les valeurs des fonctions de première et de seconde espèces pour un nombre déterminé de valeurs tant du module c que de l'amplitude φ.

Cela posé, nous allons faire voir que les intégrales, $\int\Delta^3\,d\varphi$, $\int\sin^2\varphi\,\Delta\,d\varphi$ qui se présentent dans les valeurs de a et de e, peuvent se ramener aux fonctions elliptiques de première et de seconde espèces.

En effet, on peut d'abord remplacer $\int \Delta^3 \, d\varphi$ par $\int \Delta(1-c^2 \sin^2\varphi)d\varphi$; ce qui donne :

$\int \Delta^3 \, d\varphi = \int \Delta \, d\varphi - c^2 \int \Delta \, d\varphi \, \sin^2 \varphi$. La première partie est E, fournie par les tables; la seconde a un développement qui s'établit ainsi :

$\int \Delta \, d\varphi \sin^2 \varphi = \int - \Delta \sin \varphi \times - d\varphi . \sin \varphi$; savoir :

$$\int - \Delta \sin \varphi . d. \cos \varphi = - \Delta \sin \varphi \cos \varphi + \int \cos \varphi \, d.(\Delta \sin \varphi)$$

Mais $d.\Delta \sin \varphi = \dfrac{\cos \varphi \, (1-2c^2 \sin^2 \varphi)d\varphi}{\Delta}$. Par conséquent :

$$(1) \qquad \int \cos \varphi \, d(\Delta \sin \varphi) = \int \frac{\cos^2 \varphi \, (1-2\,c^2 \sin^2 \varphi) \, d\varphi}{\Delta}$$

$$= \int \frac{(1-\sin^2 \varphi)(1-2\,c^2 \sin^2 \varphi) \, d\varphi}{\Delta}$$

Or, l'équation $\Delta^2 = 1 - c^2 \sin^2 \varphi$ donne $c^2 \sin^2 \varphi = 1 - \Delta^2$; et le facteur $1 - 2c^2 \sin^2 \varphi$ se réduit à $2\Delta^2 - 1$.

On transforme de cette manière le second membre de la relation (1) en :

$$\int (1-\sin^2 \varphi) \, 2 \Delta \, d\varphi - \int \frac{(1-\sin^2 \varphi) \, d\varphi}{\Delta} = 2 \int \Delta \, d\varphi - 2 \int \Delta \, d\varphi \, \sin^2 \varphi - \int \frac{d\varphi}{\Delta} + \int \frac{\sin^2 \varphi \, d\varphi}{\Delta}$$

A cause de $\sin^2 \varphi = \dfrac{1-\Delta^2}{c^2}$

$$\int \frac{\sin^2 \varphi \, d\varphi}{\Delta} = \frac{1}{c^2} \int \frac{1-\Delta^2}{\Delta} \, d\varphi = \frac{1}{c^2} \int \frac{d\varphi}{\Delta} - \frac{1}{c^2} \int \Delta \, d\varphi$$

Ainsi : $\int \cos \varphi \, d(\Delta \sin \varphi) = -2 \int \Delta \, d\varphi \sin^2 \varphi + \left(\dfrac{2\,c^2 - 1}{c^2} \right) \int \Delta \, d\varphi + \dfrac{b^2}{c^2} \int \dfrac{d\varphi}{\Delta}$

D'où résulte enfin :

$$(2) \qquad \int \Delta \, d\varphi \sin^2 \varphi = -\tfrac{1}{3} \Delta \sin \varphi \cos \varphi + \frac{2\,c^2 - 1}{3c^2} E + \frac{b^2}{3c^2} F$$

En substituant ce développement dans

$$\int \Delta^3 \, d\varphi = \int \Delta \, d\varphi - c^2 \int \Delta \, d\varphi \sin^2 \varphi , \text{ il vient :}$$

$$\int \Delta^3\, d\varphi = E + \frac{c^2}{3} \Delta \sin\varphi \cos\varphi - \frac{2\,c^2 - 1}{3} E - \frac{b^2}{3} F.$$

c'est-à-dire $\int \Delta^3\, d\varphi = \frac{c^2}{3} \Delta \sin\varphi \cos\varphi + \frac{2 + 2\,b^2}{3} E - \frac{b^2}{3} F.$ (3)

Ces valeurs (2) et (3) sont données, page 257, deuxième volume de la théorie des fonctions elliptiques par Legendre. Il suffit de les introduire dans les expressions de ∂a et ∂e pour connaître approximativement ces dernières quantités.

Passons à l'intégration de la troisième des équations (h). Au moyen desvaleurs de ρ et de ds elle devient :

$$e\, d\omega = -\frac{2\,k \sin(\theta - \omega)}{a\,(1 - e^2)} \sqrt{1 + 2\,e \cos(\theta - \omega) + e^2}\, d\theta.$$

Soit $\cos(\theta - \omega) = v$ et p. c. $-\sin(\theta - \omega)\, d\theta = dv$, nous aurons :

$$(4) \quad e\, d\omega = \frac{2\,k \sqrt{1 + 2\,ev + e^2}}{a\,(1 - e^2)}\, dv$$

Posons $1 + 2ev + e^2 = w^2$, d'où $dv = \frac{w\,dw}{e}$;

$$(4) \text{ deviendra : } e\,d\omega = \frac{2\,k}{a\,e\,(1 - e^2)}\, w^2\, dw.$$

L'intégration donne, en mettant pour v et w leurs valeurs :

$$e\, \partial \omega = \frac{2}{3} \frac{k}{a\,e\,(1 - e^2)} \left\{ 1 + 2\,e \cos(\theta - \omega) + e^2 \right\}^{\frac{3}{2}}$$

Pour calculer $\partial\varepsilon$, on met dans $d\varepsilon$ les valeurs de ρ et de ds, il vient :

$$d\varepsilon = \frac{2\,k\,e \sin(\theta - \omega) \left\{ \sqrt{1 - e^2} - e \cos(\theta - \omega) - e^2 \right\} \sqrt{1 + 2\,e \cos(\theta - \omega) + e^2}}{a\,(1 - e^2)\,(1 + \sqrt{1 - e^2})\,(1 + e \cos(\theta - \omega))}\, d\theta$$

Le second membre se décompose en deux parties, attendu que la quantité entre parenthèses, savoir :

$$\sqrt{1 - e^2} + 1 - e^2 - (1 + e \cos(\theta - \omega)) \text{ équivaut à}$$

$\sqrt{1-e^2}\left\{1+\sqrt{1-e^2}\right\} - \left(1+e\cos(\theta-\omega)\right)$. Ainsi :

$$d\varepsilon = \frac{2\,k\,e}{a\sqrt{1-e^2}} \cdot \frac{\sin(\theta-\omega)\sqrt{1+2\,c\cos(\theta-\omega)+e^2}}{1+e\cos(\theta-\omega)}\,d\theta - \frac{2\,k\,e\sin(\theta-\omega)\,\sqrt{1+2\,e\cos(\theta-\omega)+e^2}}{a\,(1-e^2)\,(1+\sqrt{1-e^2})}\,d\theta$$

La seconde partie vient d'être intégrée; c'est, au coefficient près, la valeur de $ed\omega$. La première partie peut se traiter de la sorte : soit encore cos. $(\theta-\omega)=v$; $-\sin(\theta-\omega)\,d\theta=dv$. On aura à intégrer :

$$(5) \qquad \frac{2\,k\,e}{a\sqrt{1-e^2}}\,\frac{\sqrt{1+2\,ev+e^2}}{1+cr}\,dv$$

Si l'on pose $1+2\,ev+e^2=w^2$, d'où

$$dv=\frac{w\,dw}{e} \qquad 1+ev=\frac{w^2+(1-e^2)}{2}$$

$$(5) \quad \text{deviendra :} \quad \frac{4\,k}{a\sqrt{1-e^2}} \cdot \frac{w^2\,dw}{w^2+(1-e^2)}$$

Or, $\dfrac{w^2\,dw}{w^2+(1-e^2)}=dw-\dfrac{(1-e^2)\,dw}{w^2+(1-e^2)}$, quantité dont l'intégrale est : $w-\sqrt{1-e^2}\,\mathrm{arc}\left(\mathrm{tang}=\dfrac{w}{\sqrt{1-e^2}}\right)$.

En ajoutant et en remplaçant w par sa valeur, on trouve celle de $\delta\varepsilon$ que nous donnons plus bas. Après avoir mis dans δa et dans δe les valeurs de e^2 et de b^2 en e, nous avons ainsi obtenu les quatre intégrales suivantes, pour le cas où l'excentricité est quelconque, savoir :

$$\delta a=\frac{-4\,k}{3\,(1-e^2)\,(1-e)}\left[4\,e\,\Delta\sin\varphi\cos\varphi+4\,(1+e^2)\,\mathrm{E}-(1-e^2)\,\mathrm{F}\right]$$

$$\delta e=\frac{-2\,k}{3\,a\,e\,(1-e)}\left[4\,e\,\Delta\sin\varphi\cos\varphi+(7\,e^2+1)\,\mathrm{E}-(1-e^2)\,\mathrm{F}\right]$$

$$e\,\delta\omega=\frac{2\,k}{3\,a\,e\,(1-e^2)}\left[1+2\,e\cos(\theta-\omega)+e^2\right]^{\frac{3}{2}}$$

$$\delta\varepsilon=\frac{2\,k\,(1+2\,e\cos(\theta-\omega)+e^2)^{\frac{1}{2}}}{3\,a\,(1-e^2)\,(1+\sqrt{1-e^2})}\left[7\,e^2+2\,e\cos(\theta-\omega)-6\sqrt{1-e^2}-5\right]+\frac{4\,k}{a}\,\mathrm{arc}\left\{\mathrm{tang}=\frac{(1+2\,e\cos(\theta-\omega)+e^2)^{\frac{1}{2}}}{\sqrt{1-e^2}}\right\}$$

L'examen de ces résultats généraux doit conduire à des conséquences analogues à celles qu'on a rappelées lorsqu'on suppose e très-petit. Ainsi, le décroissement indéfini du grand axe d'une planète par l'effet de la résistance d'un milieu très-rare se déduit de l'examen de la valeur de ∂a qui contient $\Delta^3 \, d\varphi$, quantité positive. On reconnaît de même l'augmentation de la vitesse angulaire et les inégalités dont la période serait la même que la révolution de la planète.

PROGRAMME

DE LA THÈSE DE MÉCANIQUE.

Mouvement des corps célestes dans le vide. Leur mouvement dans un milieu résistant. Intégration des équations différentielles pour le cas d'une excentricité quelconque.

I. Équations qui donnent, sous forme finie, les valeurs de r, nt et θ, au moyen de u :

r exprime le rayon d'une planète dans son orbite elliptique, autour du soleil qui occupe l'un des foyers; nt, son mouvement moyen; θ, l'anomalie vraie; $\theta - nt$, l'équation du centre, et u l'anomalie excentrique.

II. On en déduit les coordonnées polaires r et θ de la planète en fonction du temps. Développement de r et de $\theta - nt$ en séries ordonnées suivant les *cosinus* et les *sinus* des multiples de nt.

III. Formules qui font connaître le mouvement d'une planète dans le plan de son orbite. Plan fixe auquel on rapporte la position de plusieurs planètes.

IV. Lois de la force qui agit sur chaque planète dans le vide. Équations du mouvement.

V. Équations différentielles du mouvement d'une planète dans un milieu résistant lorsqu'on suppose l'excentricité très-faible. Conséquences relatives aux planètes et aux comètes.

VI. Intégration des quatre équations différentielles trouvées dans le cas d'une excentricité quelconque. On suppose que la densité du fluide décroît en raison inverse du carré de la distance au soleil. Les deux premières sont alors traitées par les fonctions elliptiques : les deux autres rentrent dans les procédés ordinaires d'intégration. Conséquences.

PROGRAMME

DE LA THÈSE D'ASTRONOMIE.

Dans le système solaire, les corps célestes se meuvent à peu près comme s'ils n'obéissaient qu'à la force principale qui les anime. On fait abstraction de la résistance d'un milieu. Les forces perturbatrices sont peu considérables ; on les néglige dans une première approximation. Ainsi, par exemple, la troisième loi de Képler suppose qu'on ne tient aucun compte de l'action des planètes les unes sur les autres et sur le soleil.

Il faut ensuite avoir égard à la première puissance des forces perturbatrices, puis aux carrés et aux produits de ces forces. Le calcul des inégalités dépend du développement de la *fonction perturbatrice*. Les perturbations sont des deux espèces, les unes tiennent à la configuration des planètes ; ce sont *les inégalités périodiques*; les autres, beaucoup plus longues, *les inégalités séculaires,* font varier l'inclinaison de chaque planète sur un plan fixe, la ligne des nœuds, le périhélie et l'excentricité : elles n'influent pas sur les grands axes.

Nécessité des approximations numériques poussées le plus loin possible pour établir la stabilité de notre système planétaire.

Des étoiles multiples et en particulier des étoiles doubles. Mouvement de deux étoiles autour de leur centre de gravité, ou de l'une autour de l'autre supposée immobile. Détermination des éléments elliptiques de leur mouvement. Extension indéfinie de la loi newtonienne. Conséquences relatives à la détermination de la distance des étoiles, à leur masse, etc., etc.

Vu et approuvé :

Le doyen de la Faculté des Sciences,

DE COLLEGNO.

Permis d'imprimer.

Le Recteur de l'Académie,

NOUSEILLES.

www.ingramcontent.com/pod-product-compliance
Lightning Source LLC
Chambersburg PA
CBHW060459200326
41520CB00017B/4846